REINAS DE EL UNIVERSO ANIMAL

LEONAS AFRICANAS

Cazadoras de la manada

de Jaclyn Jaycox

PEBBLE
a capstone imprint

Publicado por Pebble, una impresión de Capstone
1710 Roe Crest Drive
North Mankato, Minnesota 56003
capstonepub.com

Los datos de catalogación previos a la publicación se encuentran disponibles en el sitio web de la Biblioteca del Congreso.
ISBN: 9780756591496 (tapa dura)
ISBN: 9780756591441 (tapa blanda)
ISBN: 9780756591458 (PDF libro electrónico)

Resumen: A los leones se les llama el "rey de las bestias". Pero la manada está formada principalmente por hembras. Estas poderosas bestias cazan y traen comida para toda la manada. El grupo también depende de las hembras para el cuidado de las crías. Observa de cerca a los leones africanos y los roles importantes que desempeñan las leonas para garantizar la supervivencia de una manada.

Créditos editoriales
Editora: Carrie Sheely; Diseñadora: Bobbie Nuytten; Investigadoras de medios: Morgan Walters; Especialista en producción: Whitney Schaefer

Créditos fotográficos
Capstone Press, 7; Shutterstock: BrightRainbow, elemento de diseño (fondo de puntos), Daniel Lamborn, 9, Dennis W Donohue, 11, Elmari Viljoen, 13, evenfh, 25, H. van der Winden, 29, Henrico Muller, 15, huang jenhung, 21, Jez Bennett, 5, JordiStock, 24, MattiaATH, 28, Mogens Trolle, 23, oNabby, 8, Ondrej Prosicky, Cover, Ozkan Ozmen, 19, R. Maximiliane, 27, Rostislav Stach, 12, Stu Porter, 6, Tony Campbell, 17, WinWin artlab, elemento de diseño (coronas)

Printed and bound in China. PO 6098

Tabla de Contenido

Las palabras en NEGRITAS están en el glosario.

¡Las leonas gobiernan!

A los leones africanos se les llama el “rey de las bestias”. Son conocidos por ser fuertes y poderosos. La gente puede pensar en leones machos cuando escuchan esto. ¡Pero las leonas también son gobernantes!

Las leonas dirigen sus grupos familiares o manadas. Aprendamos más sobre estas reinas animales.

Las leonas son líderes fuertes y valientes.

Conoce al león africano

Los leones pertenecen a la familia de los grandes felinos. Son los segundos felinos más grandes del mundo. Sólo los tigres son más grandes.

Los leones africanos son **mamíferos** Los mamíferos tienen pelo y respiran aire. Las crías de mamíferos beben leche de sus madres.

Los cachorros de león beben leche de su madre.

Distribución del león africano

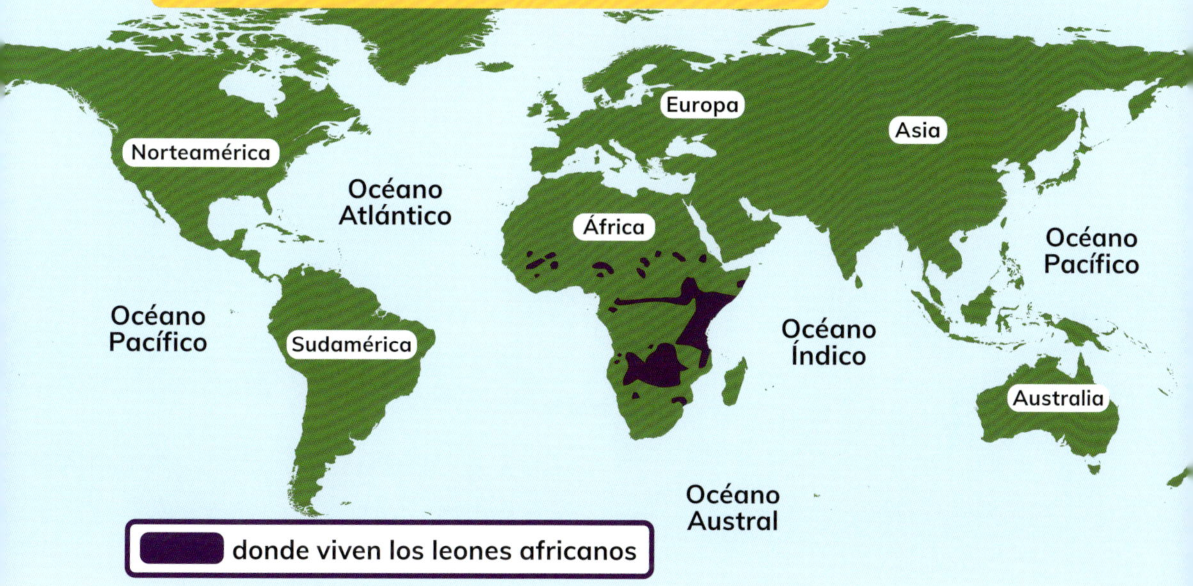

Los leones africanos alguna vez vivieron en toda África. También vagaron por partes de Asia y Europa. Hoy en día, se encuentran sólo al sur del desierto del Sáhara en África.

Sólo quedan unos 20 mil leones africanos en estado salvaje. Sus números están bajando. Están en riesgo de **extinguirse**.

Los leones descansan en la sombra bajo un árbol.

Los leones africanos suelen vivir en praderas y bosques abiertos. Los leones no construyen refugios. Escapan del calor buscando sombra debajo de los árboles. Las hembras encuentran guaridas antes de tener crías. Las guaridas ayudan a mantener seguros a los cachorros en crecimiento.

Los leones africanos pasan la mayor

parte del día descansando y durmiendo. Suelen cazar de noche.

Los leones adultos son los principales **depredadores**. Ningún otro animal los caza. Los leones africanos cazan cebras y ñus. También comen impalas, gacelas y jirafas. A veces roban carne de otros animales.

Una leona caza gacelas.

Cuerpos poderosos

Los leones son los únicos felinos grandes donde los machos y las hembras adultos tienen un aspecto diferente. Ambos tienen pelajes de color amarillo claro, dorado, gris plateado o marrón.

Un macho tiene una espesa **melena** alrededor del cuello. Las melenas pueden ser doradas, marrón-rojizas o negras. Las melenas se oscurecen a medida que los leones envejecen.

Un león macho y una leona

Los leones tienen mucho **músculo**. Esto les da fuerza para realizar ataques. Pueden pesar más de 500 libras (227 kilogramos). Pueden llegar a medir casi 3 metros (10 pies) de largo. Los machos son más grandes que las hembras.

Una leona usa su fuerza para derribar a una cebra.

Los largos dientes caninos en la parte frontal de la boca ayudan a los leones a desgarrar la carne.

¡Mordida! Los leones tienen mandíbulas poderosas y dientes afilados. Usan sus mandíbulas para agarrar y derribar la **presa**.

Manadas de leones

¡Rugido! ¡Resoplo! Los leones son animales **sociales**. Son los únicos tipos de gatos que viven en grupos. Una manada vive en su **territorio**. Los leones se comunican entre sí mediante sonidos y lenguaje corporal.

Las manadas pueden tener entre tres y 40 leones. Las manadas suelen incluir sólo de uno a tres machos. Muchas leonas y sus cachorros forman el resto del grupo.

Los leones machos a veces pelean. Un macho en busca de una manada luchará para intentar ocupar el lugar de otro macho. Los machos de una manada cambian con el tiempo. Pero las hembras permanecen.

El territorio de una manada suele incluir fuentes de agua que los leones pueden utilizar.

Todo en un día de trabajo

Una leona se relaja bajo un árbol. Sus cachorros están jugando cerca. De repente, ella se pone alerta. Ve una hiena entre la hierba alta.

La leona entra en acción. Con un poderoso rugido, ahuyenta a la hiena. La leona ha hecho su trabajo. El peligro ha pasado. Regresa con sus cachorros.

Un trabajo importante de una leona es mantener a salvo a los cachorros. ¡Este no es un trabajo fácil!

Las leonas protegen a sus cachorros de cualquier peligro.

Los leones africanos pueden **aparearse** en cualquier época del año. Las hembras dan a luz en guaridas. Es importante que permanezcan ocultos. Muchos animales atacan a los cachorros de león.

Una hembra suele tener de dos a cuatro cachorros. A menudo, al menos dos hembras de una manada dan a luz aproximadamente al mismo tiempo. Los cachorros nacen ciegos e indefensos.

El pelaje manchado ayuda a los cachorros de león a mezclarse con el entorno y permanecer ocultos de otros animales.

¡Criar cachorros es mucho trabajo! Las leonas se ayudan entre sí. Las madres deben dejar a sus cachorros para cazar. Las leonas se turnan para cuidar a sus cachorros. Se aseguran de que los cachorros permanezcan cerca y se porten bien. ¡Un gruñido o un golpe de una leona da a entender a los cachorros que más vale comportarse bien!

Las leonas enseñan a sus crías a cazar. Después de unos dos años, los cachorros están listos para vivir solos.

Los leones machos protegen la manada. Pero no ayudan a criar a los cachorros.

Leonas y un grupo de cachorros

Una leona se acerca sigilosamente a una cebra. ¡Ella se lanza y comienza la persecución! Las leonas realizan la mayor parte de la caza. Son más pequeñas y delgadas que los machos. ¡Estas características las hacen mucho más rápidas que los machos!

Después de matar a la presa, ¡se sirve la cena! Los machos comen primero. Las leonas son las siguientes. Los cachorros comen las sobras.

Una leona se acerca a una cebra.

Trabajo en equipo

Una manada de antílopes mastica tranquilamente la hierba. Las leonas pronto los tienen rodeados. ¡De repente saltan al ataque! Los gatos apresuran al grupo. Atrapan dos antílopes. ¡Hora de comer!

Los antílopes pueden correr rápido. Las leonas suelen acercarse antes de perseguirlas.

Las leonas trabajan juntas como un equipo. Muchos de los animales que comen son más rápidos que ellas. Algunos también son más grandes que los leones. Trabajar en grupo les da más posibilidades de capturar la presa. Cuanta más comida capturen, más podrán alimentar a la manada.

Las leonas pueden formar grandes grupos de caza.

Una leona acaba de comer. Sus cachorros están cerca y a salvo. Bosteza y se acuesta a tomar una siesta. Ya terminó su trabajo... ¡por ahora!

Las leonas son importantes para su manada. Proporcionan la mayor parte de la comida. Crían y protegen a los cachorros. Día tras día, las leonas ayudan a su manada a sobrevivir.

Una leona descansa mientras sus cachorros juegan.

Datos sorprendentes sobre el león africano

¡Los leones africanos son grandes escaladores! A menudo trepan a los árboles para ver si hay presas en el área.

¡El rugido de un león es fuerte! Se puede escuchar hasta a 5 millas (8 kilómetros) de distancia.

Las manchas de los cachorros de león se desvanecen a medida que crecen.

La cantidad de leones africanos ha disminuido en más del 40 por ciento en los últimos 20 años.

Los leones son los únicos gatos que tienen un mechón de pelo en la cola.

Las suaves almohadillas en las patas del león lo ayudan a moverse silenciosamente cuando se acerca sigilosamente a su presa.

Los leones suelen cazar durante las tormentas. Esto hace que sea más difícil para sus presas verlos u oírlos.

Los leones machos pueden comer hasta 90 libras (41 kg) de carne en un día.

Glosario

aparejarse (a-pa-re-JAR-se)—unirse con otro para producir crías

depredador (de-pre-da-DOR)—un animal que caza a otros animales para alimentarse

extinto (ex-TIN-to)—ya no existe

mamífero (ma-'MÍ-fero)—un animal de sangre caliente que respira aire; los mamíferos tienen pelo o pelaje. Las hembras de los mamíferos alimentan con leche a sus crías.

melena (me-LE-na)—pelo largo y grueso que crece en la cabeza y el cuello de algunos animales

músculo (MÚS-cu-lo)—tejido formado por fibras fuertes; los músculos se pueden tensar o relajar para hacer que el cuerpo se mueva.

presa (PRE-sa)—un animal cazado por otro animal para alimentarse

social (so-CIAL)—vivir en grupos o manadas

territorio (te-rri-TO-rio)—un área de tierra que un animal reclama como propia para vivir

Índice

Behind the Lens Photography

Sobre La Autora

Jaclyn Jaycox es autora y editora de libros para niños. Cuando no escribe, le encanta leer y pasar tiempo con su familia. Vive en el sur de Minnesota con su marido, sus dos hijos y un valiente perro Goldendoodle.